...eur E. WAHLEN

Ancien Interne Lauréat

DE

L'Hopital civil de Versailles.

Essai Expérimental

SUR LE

Mécanisme Physique

DE

L'Oscillation Thermique

FÉBRILE

PARIS

INSTITUT INTERNATIONAL DE BIBLIOGRAPHIE SCIENTIFIQUE

93, Boulevard Saint-Germain, VI.

1902

Docteur E. WAHLEN

Ancien Interne Lauréat

de

L'Hôpital civil de Versailles.

Essai Expérimental

sur le

Mécanisme Physique

de

L'Oscillation Thermique

FÉBRILE

PARIS

INSTITUT INTERNATIONAL DE BIBLIOGRAPHIE SCIENTIFIQUE

93, Boulevard Saint-Germain, VI.

—

1902

A MES PARENTS

A MES AMIS

A MES MAITRES

A MM. LES DOCTEURS, MÉDECINS, ET CHIRURGIENS

De l'hôpital civil de Versailles.

A NIEZ

A cause de notre communion intellectuelle.

A MON PRÉSIDENT DE THÈSE

M. le Professeur GARIEL,

Professeur de physique biologique à la Faculté de Médecine de Paris,
Membre de l'Académie de Médecine,
Inspecteur des Ponts-et-Chaussées,
Commandeur de la Légion d'honneur,

Pour la bienveilance avec laquelle il m'accueillit, et pour
l'honneur qu'il me fait en acceptant la présidence de cette thèse.

INTRODUCTION

Le mécanisme physique de l'oscillation fébrile est actuellement obscurci par un grand nombre de faits expérimentaux en apparence inconciliables.

La théorie de la seule surproduction de chaleur n'est plus soutenue, et pour cause. Quant à l'hypothèse de la rétention, sans qu'on nie son importance, surtout dans le stade d'ascension thermique, il semble qu'elle ne soit pas, en général, acceptée sans réserves.

Comme le calorimètre indique des pertes de chaleur plus grandes qu'à l'état normal, pendant l'ascension fébrile, on a été tenté de conclure qu'il n'y avait pas rétention de chaleur; mais il est physiquement impossible qu'un corps dont la température s'élève, ne rayonne pas plus de chaleur.

Ce qu'il y a de frappant, dans les recherches calorimétriques faites jusqu'à présent, c'est que les expérimentateurs ont trouvé les uns des pertes augmentées, les autres des pertes diminuées.

Quoi qu'il en soit, il est prouvé expérimentalement que l'augmentation des combustions, représentée longtemps comme la cause, est l'effet de l'élévation de température.

Si l'hypothèse de la rétention se vérifiait, on pourrait donc présenter ainsi l'enchaînement des phénomènes de la fièvre : la chaleur retenue dans l'organisme produit l'élévation de température, qui elle-même, et seulement dans certaines conditions, amène une augmentation d'intensité des phénomènes chimiques de nutrition.

Cette étude expérimentale est un essai de vérification de l'hypothèse de rétention émise par Traube et Marey vers 1860 : l'élévation de température des fébricitants est due à une diminution dans les quantités de chaleur perdue.

Marey précise le mode de rétention : suppression presque complète des causes de refroidissement, et particulièrement de la sécrétion et de l'évaporation de la sueur. C'est là l'hypothèse précise dont nous avons tenté la vérification (1).

Les expériences ont été faites sur le lapin ; mais il est vraisemblable que les mêmes phénomènes se présentent chez tous les animaux capables de subir le complexus fébrile, puisqu'ils sont pourvus du même appareil de régulation thermique.

____

(1) C'est donc simplement le problème physique des oscillations fébriles qui est envisagé ici, sans qu'il soit question du mécanisme physiologique des procès toxiques, infectants, traumatiques, etc., qui agissent sur le système nerveux pour déterminer la fièvre.

Vraisemblance de l'hypothèse de la rétention de chaleur par diminution de l'évaporation

Nous savons que l'augmentation de l'intensité des phénomènes chimiques ne peut pas être la cause de l'oscillation thermique fébrile.

Or, il n'est pas un grand nombre de procédés par lesquels un organisme, un foyer produisant une certaine quantité de chaleur, puisse augmenter de température. C'est, ou qu'il produit plus de chaleur, les pertes restant les mêmes; ou, qu'en produisant autant, les pertes de chaleur diminuent. Ces deux modes, d'ailleurs, peuvent être combinés et il y a lieu de penser qu'il en est ainsi dans la plupart des cas de fièvre : l'élévation de température du corps augmente l'intensité des procès chimiques, quand les conditions, dont les plus importantes sont inconnues, de la nutrition intime sont respectées.

iPusqu'il est nécessaire de faire l'hypothèse de la rétention de chaleur par diminution des pertes, voyons par quels procédés se font les pertes chez l'animal sain ; nous choisirons ensuite, parmi ces modes de refroidissement, celui dont le rôle physiologique est le plus important ; c'est-à-dire celui qui peut varier le plus, du fait de l'organisme.

Son altération hypothétique permettra d'expliquer, avec le plus de vraisemblance, l'oscillation fébrile.

Il y a trois modes de déperdition de chaleur chez l'animal à température constante :

Par *conductibilité* ;

Par *rayonnement* ;

Par *évaporation d'eau* (pulmonaire et cutanée).

1° CONDUCTIBILITÉ. — La conductibilité de l'atmosphère qui enveloppe les animaux est toujours très faible et très variable : l'air sec est peu conducteur l'air humide l'est beaucoup plus.

Si la convection au niveau de la peau n'existait pas, ce mode de déperdition de chaleur aurait une valeur faible. De fait, la convection est toujours plus ou moins diminuée (poils, vêtements), et surtout elle ne varie pas par un mécanisme physiologique qui adapterait, à chaque instant et d'une façon proportionnelle, les pertes par conductibilité aux surproductions physiologiques de chaleur.

Les pertes par conductibilité sont donc indépendantes de l'organisme ; elles dépendent de conditions extérieures à lui ; elle ne sont pas l'effet d'un réflexe adapté.

2° RAYONNENENT. — Le rayonnement d'un corps chaud à travers l'espace, toutes choses égales, varie proportionnellement à la différence des températures du corps chaud et de l'espace qui l'environne (loi de Newton). La température périphérique des animaux supérieurs, varie relativement peu ; ce sont donc les variations considérables de la température ambiante qui pourront produire des variations inverses du rayonnement.

Le rayonnement, comme la conductibilité, est un mode de déperdition de chaleur presque indépendant de l'organisme (1).

3° EVAPORATION. — Les variations de la sudation indiquent *a priori* de grandes variations dans les pertes de chaleur par évaporation. La quantité d'eau évaporée par les animaux (peau et poumon) est assez différemment évaluée.

Chez l'homme, elle paraît pouvoir varier de un à plusieurs litres par vingt-quatre heures ; on peut admettre qu'en moyenne, « le tiers de la chaleur produite est com-
« pensé comme refroidissement par une évaporation
« d'eau. » (Ch. Richet).

L'air expiré est saturé de vapeur d'eau ; mais la quantité d'air expiré peut varier beaucoup par réflexe organisé (polypnée thermique chez le chien).

Quant à l'évaporation cutanée, elle présente des variations considérables, dépendant entièrement, dans

---

(1) Les pertes par rayonnement et par conductibilité varient, en réalité, du fait de l'organisme (réflexe vaso-moteur) dans la mesure où cet organisme présente l'exception apparente bien connue à la loi de Newton (au-dessous de 14° pour le lapin, 18° pour l'enfant). Au-dessus de ces températures critiques, le rayonnement suit la loi de Newton; c'est-à-dire que l'organisme perd la faculté de proportionner les pertes par rayonnement aux surproductions possibles de chaleur.

Il faut aussi faire une réserve quant à la possibilité d'un changement de valeur du pouvoir émissif. Le pouvoir émissif de la peau est mal connu et il est vraisemblable que ses variations spontanées, si elles existent, n'atteignent pas une valeur considérable.

les conditions habituelles, d'un mécanisme physiologique très sensible et encore peu connu.

C'est par ce mécanisme que s'évaporent à chaque instant des quantités d'eau proportionnelles aux quantités de chaleur surproduites dans l'organisme; il présente seul, parmi les modes de déperdition de chaleur, l'élasticité d'un régulateur très sensible, capable de dissiper rapidement, dans n'importe quelles conditions ambiantes, des quantités considérables de chaleur.

Mettons un lapin dans une enceinte chauffée. Faisons varier la température de 20° à 30°. Nous savons qu'entre ces températures la loi de Newton lui est applicable, comme à un corps brut : les quantités de chaleur rayonnée par l'animal vont diminuer progressivement. Pourtant sa température n'augmentera pas, il ne présentera pas non plus de polypnée : il faut donc nécessairement que la perte de chaleur se fasse par une augmentation progressive de l'évaporation cutanée.

C'est ce que l'expérience directe permet de constater (*voir plus loin*).

De cette rapide analyse des modes de déperdition de chaleur, il résulte :

Les pertes par conductibilité et rayonnement varient peu du fait de l'organisme; elles constituent un régulateur à action très limitée;

L'évaporation par la peau est un mode très puissant, très étendu de régularisation habituelle de la température.

Ceci posé, puisque nous sommes amenés, par élimination, à faire l'hypothèse de la rétention de chaleur pour expliquer l'élévation de température dans la fièvre, il nous faut encore supposer que c'est le régulateur le plus puissant qui ne fonctionne plus, autrement l'élévation de température serait impossible.

De cet examen des conditions normales de la régulation, nous pouvons donc maintenant dégager une hypothèse vraisemblable qui expliquera physiologiquement l'oscillation fébrile :

1° *L'oscillation fébrile, trouble de régulation thermique, traduit un trouble de l'évaporation cutanée;*

2° *Quand la température s'élève au-dessus de la normale, l'évaporation diminue ; quand la température revient à la normale, l'évaporation augmente.*

Essai de vérification expérimentale.

Il s'agit de mesurer les variations de l'évaporation
cutanée sur un lapin fébricitant, et de constater que les
deux phénomènes, oscillation fébrile et oscillation de
l'évaporation, présentent des variations concomitantes
inverses.

Soit un lapin dans une enceinte fermée ; la vapeur
d'eau exhalée par la peau s'accumulera dans cette
atmosphère limitée, et la tension de vapeur d'eau ira
croissant jusqu'à atteindre sa tension maxima pour la
température de l'enceinte.

Pour mesurer approximativement les variations de
l'évaporation, nous admettrons qu'il suffit de mesurer
les variations que présentent la tension absolue de la
vapeur d'eau dans l'enceinte.

Pratiquement, nous avons ainsi disposé (*Fig.* 1) :

Le corps de l'animal, moins le train postérieur et la tête,
est enfermé dans un cylindre métallique horizontal, ter-
miné à ses deux extrémités par un manchon de caoutchouc souple, qui s'applique sans serrer sur le thorax
et sur le train postérieur. Les pattes, étendues, sont
fixées à la table qui porte le cylindre.

Ainsi, la vapeur d'eau expirée n'interviendra pas et ce sont les seules variations de l'évaporation cutanée qu'on mesurera dans le cylindre. Le train postérieur libre, permettra l'élimination indifférente de l'urine et des matières ; les prises de température rectale seront faciles.

Sur le cylindre horizontal est soudé un cylindre ver-

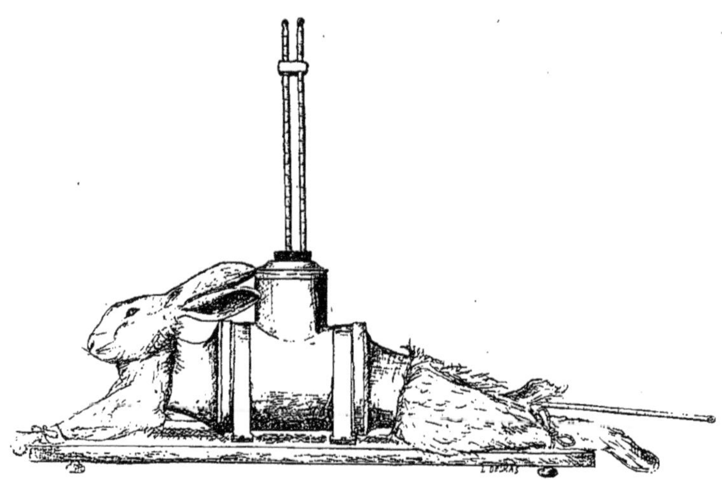

Fig. 1. — Lapin servant à l'expérience.

tical d'un diamètre un peu plus faible, et en communication large avec lui par son extrémité inférieure. Son extrémité supérieure est fermée par un plateau percé d'un trou suffisant pour recevoir un bouchon de caoutchouc, sur lequel se trouve monté un psychromètre (1).

____

(1) Aprés essai d'hygromètres divers, dont l'emploi nous a paru difficultueux, dans le cas particulier de cette recherche, nous avons fait usage de cet instrument simple et élégant.

Il se compose, en principe, de deux thermomètres, dont l'un a le réservoir entouré d'un linge fin, mouillé continuellement d'eau pure. Cette eau, en s'évaporant, absorbe la chaleur du réservoir thermométrique : le thermomètre mouillé indique toujours, dans l'atmosphère ambiante, par exemple, une température trèsinférieure à celle donnée par le thermomètre sec. C'est de cette différence, variable, des deux températures données par les deux thermomètres du psychromètre qu'on pourra, dans certaines conditions, déduire la tension absolue de la vapeur d'eau dans l'atmosphère qui enveloppe l'instrument.

En effet, l'expérience montre que la *différence des deux températures données par le psychromètre varie comme l'évaporation, qui varie elle-même en sens inverse de la tension absolue de vapeur d'eau.*

Il existe une formule empirique qui donne cette tension absolue quand on connaît la différence des températures données par les deux thermomètres, et où interviennent la pression barométrique et une certaine constante variant avec l'exposition de l'instrument.

Nous n'avons pas fait usage de cette formule. Nous n'avons pas tenu compte des variations de la pression barométrique pendant les expériences ; ce qui constitue rigoureusement une cause d'erreur d'autant plus grande que la durée des expériences est longue).

Ces réserves faites, voici comment nous nous sommes servi du psychromètre : nous avons fait les lectures lorsque le thermomètre sec indiquait toujours la même

---

(1) Cette cause d'erreur n'est cependant pas assez grande pour qu'il soit impossible, à l'inspection des courbes obtenues, de dégager un rapport précis entre les deux phénomènes à relier.

température. Pour cela, nous réchauffions avec précaution le cylindre vertical où plongeait le psychromètre ; les deux thermomètres montaient inégalement et lentement, et, quand le thermomètre sec restait stationnaire, à la température une fois choisie pour toute la durée d'une expérience, nous faisions les lectures.

Dans ces conditions, et toujours en éliminant la pression barométrique, nous admettons que *les variations de température du thermomètre mouillé traduisent les variations de la tension de vapeur d'eau dans le cylindre.*

Plaçons donc un lapin normal dans l'appareil, comme l'indique la figure plus haut reproduite, l'appareil se trouvant dans une pièce à température moyenne.

Nous constatons que, dès que l'animal est dans le cylindre, la température du thermomètre mouillé s'élève très sensiblement. La tension de vapeur est augmentée dans le cylindre ; cette augmentation traduit l'évaporation cutanée et peut lui servir de mesure. Mais la température du thermomètre mouillé se fixe toujours au-dessous de la température du thermomètre sec ; la tension maxima n'est donc jamais atteinte.

C'est que l'appareil ainsi disposé présente des fuites, qui laissent, à partir d'une certaine tension de vapeur dans le cylindre, s'échapper autant de vapeur d'eau que la peau de l'animal en évapore.

La température ambiante ne variant pas, le thermomètre mouillé reste à peu près fixe ; il s'établit donc sensiblement un régime permanent de l'enceinte hygrométrique vers l'atmosphère extérieure.

Si la température de la pièce où se trouve l'appareil baisse rapidement, le thermomètre mouillé baisse, accusant une diminution de l'évaporation.

On peut ainsi, dans une pièce chauffée dont on ouvre et ferme alternativement la porte, produire, en quelques

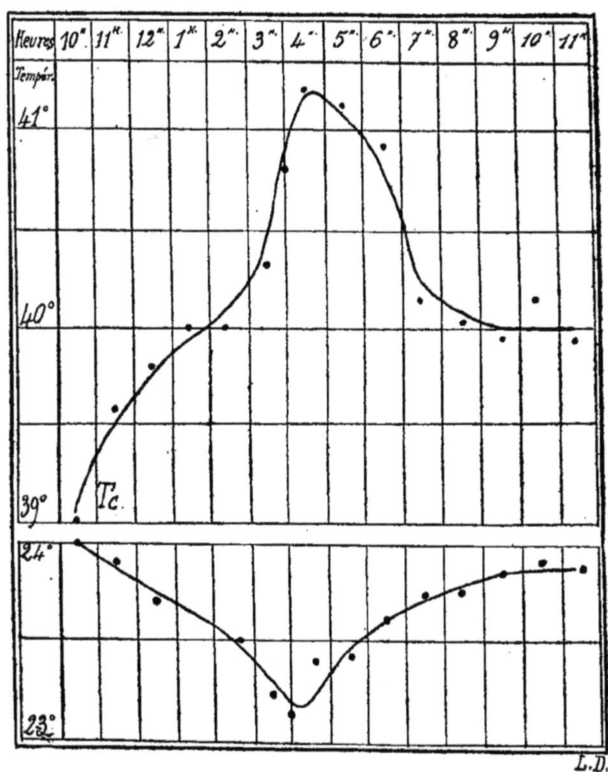

Fig. 2. — Courbes montrant les variations inverses de la température centrale et de l'évaporation par la peau Tc., température rectale; Ev., températures données par le thermomètre mouillé et représentant l'évaporation. Au moment des lectures le thermomètre sec marquait 26°.

minutes, des oscillations très accentuées de l'évaporation cutanée.

Au lieu d'un lapin normal, plaçons dans l'appareil

un lapin fébricitant (1). Fixons-lui à demeure, dans le rectum, un thermomètre très sensible. Nous constate-

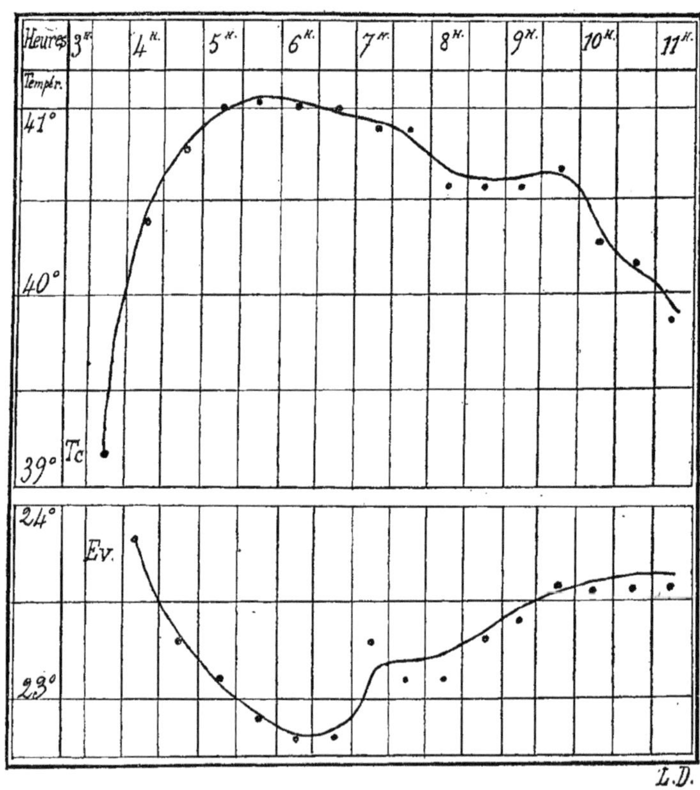

Fig. 3. — Courbes analogues à celles de la figure précédente. — La seconde partie de la courbe d'évaporation est en avance sur la courbe de tempéra-ture.

rons que, comme l'indiquent les deux courbes ici repro-duites pour exemple, *lorsque l'évaporation diminue, la*

(1) Les oscillations fébriles ont été déterminées par injections intra-veineuses de pepsine, de sucrase, de cultures de pneumocoque ou de coli-

température rectale s'élève, et qu'au moment de la défer-
vescence, l'évaporation augmente de nouveau.

Ici se présente, entre autres, une objection : la tension
de la vapeur d'eau varie sans cesse dans l'atmosphère ;
ne se pourrait-il pas que la variation de tension indiquée
par le psychromètre, fût la variation atmosphérique ?

Il est d'abord inadmissible, *a priori*, qu'il y ait variations concomitantes entre les deux phénomènes ; sans
quoi la variation de tension de la vapeur atmosphérique
serait la cause de l'oscillation fébrile.

Surtout, les nombreuses mesures météorologiques
montrent que la vapeur d'eau s'accumule très réguliè-
rement dans l'air pendant le jour et diminue progressivement pendant la nuit. Or, nous disposions nos expériences de façon à observer une ascension dans la
matinée alors que dans l'air la vapeur d'eau augmente
constamment; le plus souvent la température fébrile
restait élevée toute la journée, et la défervescence se
faisait quelquefois tard dans la nuit, alors que la vapeur
d'eau diminuait dans l'atmosphère.

Dans ces conditions, la présence de la vapeur d'eau
atmosphérique était donc une difficulté pour l'observa-
tion du phénomène, et il est certain qu'en l'éliminant,
on obtiendrait une courbe du thermomètre mouillé plus
accentuée et plus exactement symétrique de la courbe
de température centrale.

Au cours de ces recherches, nous avons constaté

bacille. Souvent, il nous est arrivé de n'obtenir qu'une faible élévation de
température : quand le thermomètre restait stationnaire pendant quelque
temps, nous injections alors, sous la peau, de la cocaïne ou de la strychnine
à doses faibles pour accentuer l'ascension fébrile.

quelques faits particuliers qui viennent compliquer le rapport simple, liant l'oscillation thermique fébrile à l'évaporation cutanée, et qui ont l'apparence d'exceptions :

1° *On observe quelquefois un certain retard de l'ascension thermique centrale.* Le psychromètre indique depuis plusieurs minutes une diminution de l'évaporation, mais la température ne varie pas.

Il semble que ceci puisse s'expliquer en considérant que la masse du corps, dont la chaleur spécifique est élevée, forme en quelque sorte, volant de chaleur et qu'il lui faut un certain temps pour accuser une variation de température, sensible au thermomètre (Pendant ce stade c'est, comme nous le verrons plus loin, la température périphérique surtout qui s'élève).

2ᵉ *Pendant la période d'état, la température centrale ne reste pas absolument fixe* ; elle présente presque toujours une série de petites oscillations très faibles (1/25 à 1/50 de degré) et ne durant guère que quelques minutes. En même temps, le thermomètre mouillé du psychromètre présente des oscillations de sens inverse, mais ordinairement plus accentuées, et qui sont quelquefois légèrement en avance sur les oscillations de la température centrale. Ce phénomène est si régulier qu'il permet de prévoir le sens de la prochaine oscillation thermique.

3° *La défervescence peut paraître en retard sur l'évaporation.* Elle est habituellement plus lente que l'ascension et se fait par une série d'oscillations plus considérables que celles de la période d'état et accompagnées d'oscillations quelquefois très fortes du thermomètre mouillé du psychromètre.

D'ailleurs, dès que l'élévation de température se produit, les phénomènes chimiques en quoi consiste la nutrition, sont, de ce fait et toutes choses égales, rendus plus intenses : « *la fièvre est un cercle vicieux* » (Ch. Richet), et cette action secondaire vient encore compliquer le phénomène de la rétention de chaleur.

Nous terminerons ce rapide exposé en rapportant un fait sur lequel M. Marey avait attiré l'attention dans son travail et auquel il est fait allusion dans notre introduction. (MAREY. *La circulation du sang dans l'état physiologique et dans les maladies*, Paris, 1859), et qui paraît à lui seul imposer l'explication de l'oscillation fébrile.

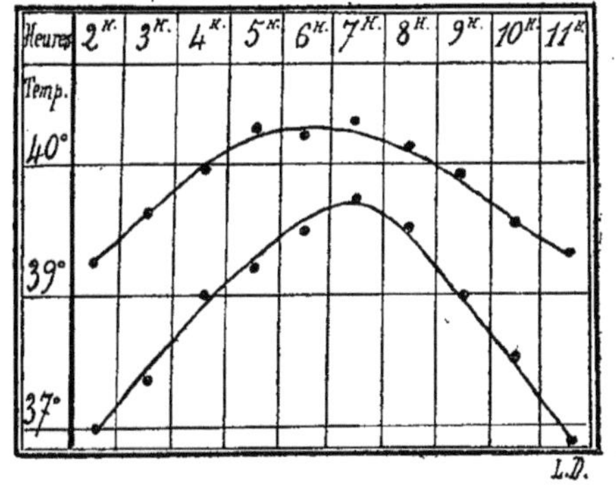

Fig. 4. — Courbes des températures sous-cutanée et centrale pendant l'oscillation fébrile.

Il nous est arrivé plusieurs fois, dans nos expériences, de prendre en même temps que la température rectale, la température sous-cutanée. Pour cela, après avoir fait une boutonnière à la peau de l'animal, nous glissions dans le tissu cellulaire sous-cutané, un thermomètre à réservoir fin, qui indiquait une température de un à deux degrés inférieure à la température normale.

Voici reproduites (*Fig.* 4), deux des courbes obtenues.

On voit que, pendant l'oscillation fébrile, la différence entre les températures centrale et sous-cutanée tend à diminuer. Ce phénomène est en effet, nécessaire, si la rétention de chaleur est réelle.

Sur la seconde courbe, (*Fig. 5*), nous voyons même que cette différence devient nulle et nous constatons ce fait paradoxal que la température sous-cutanée est plus élevée que la température centrale (1).

Ce fait de la convergence des températures sous-cutanée

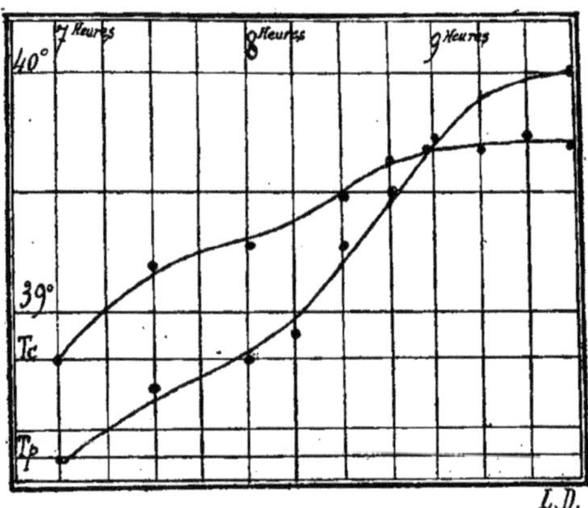

Fig. 5. — Courbes des températures périphérique et centrale pendant l'ascension fébrile.

et centrale, semble signifier que la *température centrale s'élève parce que la température sous-cutanée s'élève avant elle.* — Et, cette élévation périphérique ne peut

(1) Ce fait particulier peut s'expliquer parce que l'animal était en léger tétanos strychnique, et que les muscles sous-cutanés devaient produire plus de chaleur que les viscères. Ce lapin, mort avant d'avoir présenté une oscillation complète, avait en outre reçu, douze heures avant, 0.10 cgr. de pepsine dans les veines.

pas être due à l'action vaso-dilatatrice, car lorsqu'il y a dilatation du système vasculaire périphérique, sans trouble de l'évaporation, la température centrale s'abaisse.

Mais dans le cas de l'oscillation fébrile, *la température périphérique s'élève, parce que l'évaporation qui l'abaissait, est supprimée.* Dès lors, la température périphérique tend à se mettre au même niveau que la température centrale ; mais pour qu'une certaine quantité de chaleur soit dissipée dans un temps donné, il faut, entre les températures périphérique et centrale, une certaine différence. La température périphérique s'élevant, il faut pour rétablir le régime permanent de chaleur dépensée, que la température centrale s'élève à son tour.

Ainsi nous paraît s'expliquer par ce fait primitif d'un trouble de l'évaporation cutanée, le trouble de la température chez les fébricitants.

CONCLUSIONS

Chez le lapin fébricitant :

I. — Physiquement, l'oscillation fébrile est liée à un trouble de l'appareil régulateur : l'évaporation cutanée. Quand la température du lapin fébricitant s'élève, l'évaporation cutanée est diminuée.

Quand la température vient à la normale, l'évaporation reprend sa valeur primitive.

II. — C'est l'oscillation fébrile périphérique qui produit l'oscillation fébrile centrale.

III. — Il est vraisemblable que ces conclusions sont applicables à tous les animaux à température constante, puisqu'ils sont pourvus du même appareil de régulation thermique.

BIBLIOGRAPHIE [1]

———

D'Arsonval et Charrin. — *Archives de physiologie*, 1894.

Charrin (A.). — *Sur la fièvre. — J. de pharm. et chimie*, Paris, 1890, 5 s., XXI, 67-76.

Charrin. — *Les défenses naturelles de l'organisme. — Arch. méd. de Toulouse*, 1898.

Bouchard. — *Les doctrines de la fièvre. — Semaine médicale*, Paris, 1893, XIII, 117-119.

Bouchard. — Traité de pathologie générale. — Tome III. Article *Fièvre*.

Dictionnaire Richet. — Article *Chaleur animale*.

Hallopeau. — Pathologie générale, 1889.

Du Castel. — *Physiologie pathologique de la fièvre*, Paris, 1878, in-8°.

Claude Bernard. — *Physiologie et pathologie du système nerveux*, Paris, 1858.

Claude Bernard. — *Leçons sur la chaleur de la fièvre*, Paris, 1876.

(1) La Bibliographie de la fièvre est très considérable. Nous ne donnons ici que la bibliographie se rapportant au cas particulier du mécanisme physique de l'oscillation thermique fébrile.

Claude Bernard. — *Leçons sur la chaleur animale*, Paris, 1876.

Vulpian. — *Leçons sur l'appareil vaso-moteur*, 1875, t. II, p. 248.

Verneuil. — *Bull. Acad. Méd.*, Paris, 1871.

P. Regnard. — *Rech. exp. sur les variations des combustions respiratoires*, Paris, 1879.

Hirtz. — *Essai sur la fièvre en général.* — Thèse de Stras- bourg, 1870.

Henrijean. — *Sur la pathogénie de la fièvre.* — *Rev. de Méd.*, 1889.

H. Roger. — *Des modifications que présente la température chez les enfants dans l'état physiol. et dans l'état path.* — *Arch. gén. de médecine*, 1884.

A. Robin. — *Traitement des fièvres et des états typhoïdes par la médication oxydante et éliminatrice.* — *Arch. gén. Méd.*, 1888.

Botkin. — *De la fièvre*, 1872.

Hirtz. — Article *Fièvre In* Dictionnaire Jaccoud.

Lorain. — *De la température du corps humain et de ses variations dans les différentes maladies*, Paris, 1877.

Petitjean. — *Recherches sur la pathologie de la fièvre.* — *Revue de Méd.*, 1889.

Becquerel et Breschet. — *Exp. sur les tempér. physiol. et morbides.* — *Ann. des sciences nat.*, 1875.

Marey. — *La circulation du sang dans l'état physiol. et dans les maladies.* Paris, 1859.

Traube. — *Allgem. medicin. Central. Zeitung*, 1863.

Liebermeister. — *A* ı.s. *Klinik. zu Basel.* Leipzig, 1868, p. 121.

Leyden. — *Deutsches Archiv. f. klin. Medicin*, p. 291.

Senator. — *Untersuchungen.* Cap. I.

Albert. — *Ueber einige Veraehltniss d. Waerme bei fiebernd. Thiere. Wien. med. Jahrb.*, 1882.

Jacobson. — *Ueber die Temperature — Vertheilung im Verlauf fieberhafter Krankheit. Virchow's Archiv*, LXV, p. 520.

Schuck. — *Ueber d. Schwankungen. d. Hautemper.*, Berlin, 1877.

O. Weber. — *Exp. Stud. über Pyœmie, Septicemie und Fieber. Deutsche Klinik*, 1864-65.

Billroth. — *Langenbeck's Archiv.*, II, VI, XIII.

Brener et Chroback. — *Zur Lehre von der thierischen Waerme. Reicherts und Dubois-Reymond Archiv*, 1868.

R. Daunyn et Quincke. — *Reicherts und Dubois-Reymond Archiv*, 1869.

Bartels. — *Pathol. Untersuch. Greifswalder medicin. Beitr.*, 1866.

Daunyn. — *Berlin klinische Wochenschrift*, 1849.

Scheich. — *Ueber das Verhalten der Harnstoffproduction bei künstlicher Steigerung des Körpertemper. Arch. f. experim. Path.*, IV.

Wunderlich. — *Eigenwaerme.* 1868.

Rosenthal. — *Die Wärmeproduction im Feber. Berl. klin. Wochensch.*, Berlin, 1891, XXVIII, 785-788.

Winternitz. — *Ueber Waermeregulation und Fiebergenese. Deustche med. Zeitung*, Berlin, 1890, XI, 415-417.

TABLE DES MATIÈRES

Imprimerie de l'Institut de Bibliographie de Paris. — N° 979. — VI-1902.